破译密码解读

方士娟 编著　丛书主编 周丽霞

海洋：从上到下看大海

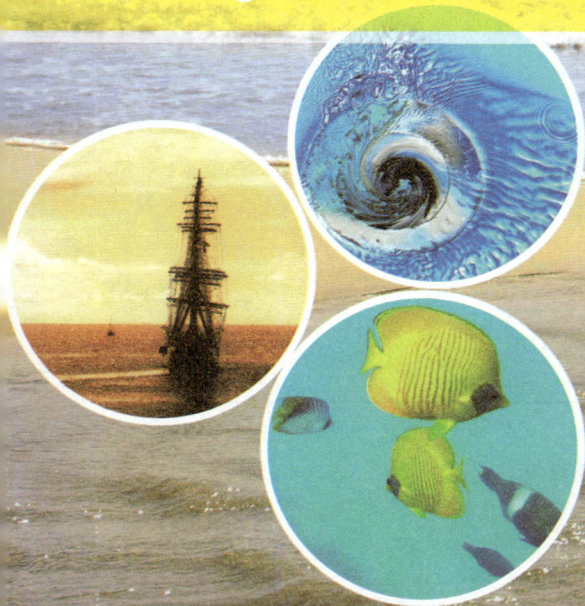

汕头大学出版社

图书在版编目（CIP）数据

　　海洋：从上到下看大海 / 方士娟编著. -- 汕头：
汕头大学出版社，2015.3（2020.1重印）
　　（学科学魅力大探索 / 周丽霞主编）
　　ISBN 978-7-5658-1704-5

　　Ⅰ．①海… Ⅱ．①方… Ⅲ．①海洋—青少年读物
Ⅳ．①P7-49

　　中国版本图书馆CIP数据核字(2015)第028199号

海洋：从上到下看大海　　　　HAIYANG：CONGSHANGDAOXIA KANDAHAI

编　　著：方士娟
丛书主编：周丽霞
责任编辑：胡开祥
封面设计：大华文苑
责任技编：黄东生
出版发行：汕头大学出版社
　　　　　广东省汕头市大学路243号汕头大学校园内　邮政编码：515063
电　　话：0754-82904613
印　　刷：三河市燕春印务有限公司
开　　本：700mm×1000mm　1/16
印　　张：7
字　　数：50千字
版　　次：2015年3月第1版
印　　次：2020年1月第2次印刷
定　　价：29.80元
ISBN 978-7-5658-1704-5

前言

　　科学是人类进步的第一推动力，而科学知识的学习则是实现这一推动的必由之路。在新的时代，社会的进步、科技的发展、人们生活水平的不断提高，为我们青少年的科学素质培养提供了新的契机。抓住这个契机，大力推广科学知识，传播科学精神，提高青少年的科学水平，是我们全社会的重要课题。

　　科学教育与学习，能够让广大青少年树立这样一个牢固的信念：科学总是在寻求、发现和了解世界的新现象，研究和掌握新规律，它是创造性的，它又是在不懈地追求真理，需要我们不断地努力探索。在未知的及已知的领域重新发现，才能创造崭新的天地，才能不断推进人类文明向前发展，才能从必然王国走向自由王国。

　　但是，我们生存世界的奥秘，几乎是无穷无尽，从太空到地球，从宇宙到海洋，真是无奇不有，怪事迭起，奥妙无穷，神秘莫测，许许多多的难解之谜简直不可思议，使我们对自己的生命现象和生存环境捉摸不透。破解这些谜团，有助于我们人类社会向更高层次不断迈进。

其实，宇宙世界的丰富多彩与无限魅力就在于那许许多多的难解之谜，使我们不得不密切关注和发出疑问。我们总是不断去认识它、探索它。虽然今天科学技术的发展日新月异，达到了很高程度，但对于那些奥秘还是难以圆满解答。尽管经过许许多多科学先驱不断奋斗，一个个奥秘不断解开，并推进了科学技术大发展，但随之又发现了许多新的奥秘，又不得不向新的问题发起挑战。

　　宇宙世界是无限的，科学探索也是无限的，我们只有不断拓展更加广阔的生存空间，破解更多奥秘现象，才能使之造福于我们人类，人类社会才能不断获得发展。

　　为了普及科学知识，激励广大青少年认识和探索宇宙世界的无穷奥妙，根据最新研究成果，特别编辑了这套《学科学魅力大探索》，主要包括真相研究、破译密码、科学成果、科技历史、地理发现等内容，具有很强系统性、科学性、可读性和新奇性。

　　本套作品知识全面、内容精炼、图文并茂，形象生动，能够培养我们的科学兴趣和爱好，达到普及科学知识的目的，具有很强的可读性、启发性和知识性，是我们广大青少年读者了解科技、增长知识、开阔视野、提高素质、激发探索和启迪智慧的良好科普读物。

目 录

海洋是如何形成的

地球形成假说

有的专家认为，地球是从它的"母亲"——太阳的怀抱里脱胎而出的。当地球刚从炽热的太阳中分离出来，开始独立生活的时候，还是一团熔融状态的岩浆火球，它一边不停地自转，一边又绕着太阳公转。

后来，由于热量的散失，它逐渐冷却下来。它的表面冷却得快，首先形成一层硬壳。它的内部也要冷却和收缩，结果，在地壳的下面便出现空隙。这种状态当然不能长久，在重力作用下，地壳便大规模地下陷。它们相互挤压形成褶皱，出现许多裂缝。

岩浆从裂缝中涌出，引起火山爆发和地震。从地球深处迸发出的熔岩在地壳上缓缓流动，铺满了地壳，也把地壳上原有的许多裂缝填满。渐渐地，这层迸出的熔岩也冷却了，地壳也因此变得厚起来。那高耸的部分就成为陆地，那低陷的部分就成为海洋。

月亮形成假说

由于太阳的引力作用和地球的高速自转，使部分地块被甩出了地球，被甩出的地块在地球引力的作用下，绕着地球不停地旋转，后来便成为我们夜晚常能看到的月亮。

月球被甩出后，在地球上留下了一个大窟窿，逐渐演变成今天的海洋。

　　这种假说遭到了许多科学家的反对。有人曾计算过，要使地球上的物体飞离，其自转速度应是目前地球自转速度的17倍，也就是说一昼夜不得长于1小时25分，这显然是难以令人置信的。还有的人认为，若月球从地球上飞出，则月球的运行轨道应在地球赤道的上空，而事实上却不是这样的。

陨星说

　　太平洋是由另一颗地球的卫星（其直径比月球大两倍）坠落地面造成的。这颗卫星冲开了大陆的硅铝层外壳，而形成巨大的陨石谷，它还可能深入地球内核，引发地球的强烈膨胀与收缩，其结果不仅形成了太平洋，而且

又使其他陆壳也破裂张开，形成了大西洋等大洋。

随着宇航科学的发展，这个学说的研究又重新兴盛起来了。然而，人们还是特别怀疑偶然的碰撞是否能形成占地球表面积1/3的巨大太平洋盆地。因为，无论是地球上的陨石坑还是月球上的陨石坑，其规模都是很小的。

大陆漂移学说

地球上原先有一块庞大的原始陆地，被广袤的海洋所围绕。后来，这块大陆分裂开，像浮在水上的冰块，不断漂移，越漂越远。终于，美洲脱离了非洲和欧洲，中间留下的空隙就变成了大西洋。非洲有一半脱离了亚洲，在漂移过程中，它的南端略有移动，渐渐与南亚次大陆分开，印度洋诞生了。

还有两块比较小的陆地离开了亚洲和非洲，向南漂去，这就是大洋洲和南极洲。随着大西洋和印度洋的诞生，原来的海洋缩小了，变成了今天的太平洋。

海底扩张说

洋底地壳有一个不断形成的过程，地幔里的物质不断从大洋中脊上的裂谷里涌出，冷凝和充填在中脊的断裂处，从而形成新的洋底。新海底不断扩张，把年老的海底向两侧排挤，当被挤到海沟区时，它们便沉入地幔。据计算，海底扩张速度每年有几厘米，最快每年可达0.16米。这就使得海底每隔3亿年至4亿年便更新一次。这些被深海钻探资料所证实，也可从洋脊两侧岩石的磁性上得到证明。

板块构造说

全球岩石圈不是整体的一块，而是亚欧板块、美洲板块、非洲板块、太平洋板块、澳洲板块（印度洋板块）和南极洲板块六大板块组成的。这些板块很像漂浮在地幔上的木筏，在不断地进行相对的水平运动，当大洋板块向大陆板块运动时，板块的边沿便向下俯冲进入地幔；地幔把俯冲进来的地壳加温、加压和熔

化，再运向大洋海岭的底部，然后再上升出来。这恰恰与"海底扩张说"相吻合，在地幔的相对运动中大陆确实被漂移了，经过很长的一段时间，形成了今天地球上海陆分布的面貌。海洋是如何形成的？或者说地球上的水究竟来自何方？只有当太阳系起源问题得到解决了，地球的起源问题、地球上的海洋起源问题才能得到真正解决。

延 伸 阅 读

大陆漂移、海底扩张和板块构造三种理论结合了起来，构成了新的全球构造学说。海洋起源问题也就有了一个比较清晰的眉目。然而，与地球相比，人类的历史显然只是一段极短暂的时光。

神奇的海底景观

海底地形

海底地形指海水覆盖之下的固体地球的表面形态。海底地形是复杂多样的，其复杂程度丝毫不亚于陆地。

海洋底部有高耸的海山、起伏的海丘、绵长的海岭、深邃的海沟，也有坦荡辽阔的深海平原。世界大洋的大体结构通常分为大陆边缘、大洋盆地和大洋中脊三大基本单位。

大洋盆地

大洋盆地是在世界大洋中面积最大的地貌单元，其深度大致介于4000米至6000米之间，占海洋总面积的45％左右。由于海岭、海隆及群岛的分隔，大洋盆地被分成近百个独立的洋盆。

总体看来，大洋盆地就是大盆套小盆。最深的一个盆地深度为11034米，这就是位于太平洋的马里亚纳海沟。这一深度远远超过了陆地上的最高峰珠穆朗玛峰的海拔。

大洋盆地

大洋中脊又称中央海岭，是世界大洋最宏伟壮观的地貌单元。它纵贯于大洋中部，绵延80000千米，宽数百至数千千米，总面积堪与全球陆地相比，其长度和广度为陆地上任何山系所不及。

边缘火山

沿大洋边缘的板块俯冲边界，展布着弧状的火山链，这些火山便是边缘火山，又称为岛弧火山链。其中有些是水下活火山，具有一定的危险性。

水下活火山主要喷发火山岩类物质，由于这类熔浆黏性大，含水量高，巨大的蒸气压力一旦突然释放，便形成喷发式火山，易酿成巨大灾难。

洋脊火山

大洋中脊是玄武岩质新洋壳生长的地方，海底火山和火山岛便顺着中脊的走向成串地出现，这些沿着大洋中脊存在的火山便是洋脊火山。

据估计，全球约80％的火山岩产自大洋中脊，中脊处的大洋

玄武岩是标准的拉斑玄武岩。这种拉斑玄武岩是岩浆沿中脊裂隙上升喷发而生成的产物，它组成了广大的洋底岩石的主体。

洋盆火山

散布于深洋底的各种海山，包括平顶海山和孤立的大洋岛等，是大洋板块内部的火山。洋盆火山起初只是沿洋底裂隙溢出的熔岩流，以后逐渐上长加高。大部分海底火山在到达海面之前便不再活动，停止生长。少数火山可从深水中升至海面，这时波浪等剥蚀作用会不断地抵消它的生长。

洋盆火山的活动一般不超过几百万年。出露海面的火山停止活动，将被剥蚀作用削为平顶。洋盆各海山或大洋岛屿的火山岩以碱性玄武岩较常见，极少数岛屿有硅质更高的熔岩。碱性玄武岩组成的洋盆火山可能与热点或地幔柱的活动有关。

姆大陆沉没之谜

姆文明诞生于常年夏天绿意盎然的大地，并且创建了地球上第一个大帝国，名为"姆帝国"。

姆帝国的国王叫"拉姆"，拉表示太阳，姆表示母亲，因此姆帝国又被称为"太阳之母的帝国"。姆帝国宗教崇拜宇宙的创造神，即七尾蛇"娜拉亚娜"。

那么，这个"姆大陆"后来怎么就不见了呢？

有人设想，姆大陆沉没的原因是：大陆下面有好些充满一氧化碳的洞穴，这些一氧化碳通过火山活动形成的地下裂缝溢出地面，大陆下层就成了蚁穴般的空洞。一旦发生大地震，就会造成整个大陆的下沉。

姆大陆沉入海底的事是可能的，因为地壳是在不停地运动。在这种运动中，有时高山沉入海底，而海底上升，继而变为陆地。20世纪80年代，日本探险队在南美洲的平均海拔3700米的安第斯山上发现了数万年前的海贝化石。这说明姆大陆可能曾是露

出海面的一片辽阔的国土，而安第斯山脉则是海底火山。

　　果真如此，那么10000年以前的太平洋就不是今天这个面貌了。姆大陆沉没的原因也是争论的焦点之一。火山？地震？还是与冰河期的末期一同沉没？看来对姆大陆的争论也如对亚特兰蒂斯大陆、雷姆力亚大陆的争论一样，还将长期持续下去，不经过几代人甚至几十代人的发掘，没有大量的确证，恐怕很难画出一个圆满的休止符。

延 伸 阅 读

　　姆大陆土地辽阔，东起今夏威夷群岛，西至马里亚纳群岛，南边是斐济、大溪地群岛和复活节岛，全大陆东西长8000千米，南北宽5000千米，总面积约为3500万平方千米，是一个美丽富饶的地方。

海底有哪些秘密

海沟

我们形容很深的地方时，常用"万丈深渊"或"海底深渊"之类的词。深渊似乎成了地球上的无底洞。然而，地质学家在研究海洋地质的时候，把洋底那些狭长的凹陷处叫海沟或海渊。实际上，用海底深渊来描述洋底的这种奇异构造是再准确不过的了。海沟是海底最壮观的地貌之一，它是大洋底部两壁比相邻海底深2000米以上的狭长凹陷。海沟大都分布在大洋边缘，而且大

多数与大陆边缘平行。

对于海沟的定义，目前海洋学界仍有不同的说法。有的科学家认为，凡是水深超过6000米的长形洼地都叫海沟。有的科学家则认为，海沟的真正含义应该是指那些与火山弧相伴生的边缘海沟。一般说来，海沟的形状多呈弧形或直线，长500米~4500千米，宽40千米~120千米，水深多为6000米~11000米。海沟有不对称的V形横剖面，沟坡上部较缓，而下部则较陡，平均坡度为5^{0}至7^0，偶而也会有45^{0}那么大的坡度。比如太平洋中的汤如海沟。在海沟的斜坡上，有峡谷、台阶、堤坝和洼地等小地形。

最深的海底分布

世界海洋的平均深度不到4000米，而全球19条海沟的水深却都在7000米以上，是名副其实的海底深渊。其实，海底最深的地方并不像人们所想象的是在大洋的中央。恰恰相反，19条海沟几乎都处在大洋的边缘。而且，绝大多数海沟环绕在太平洋的周围地带。海沟或者与大洋边缘的群岛配对，或者与大陆边缘的海岸山脉相伴。

海底地壳在海沟底并不是直着身子被拖进地球的内部，而是倾斜地插入旁边的群岛或大陆底下的。

海沟为什么这样深

现在我们可以明白，海沟之所以这样深，就是因为海底在这儿向下弯曲，沉潜到相邻大陆或群岛之下的缘故。这情景很像水

面上的冰块，一个冰块斜插到另一冰块之下，两个冰块相互重叠起来。在海沟附近，大陆地块骑跨在海底地块之上，陆块向上仰冲，被高高地抬起来；海底则向下俯冲，深深地下陷。

相关事件

1923年9月某日中午，邻近日本海沟的东京、横滨一带，大地突然颤抖起来，在几秒钟以内房屋纷纷倒塌。当时多数人家正在做午餐，火炉翻倒，许多地方燃起了熊熊大火。歇斯底里的人群一片混乱。在这场著名的"关东大地震"以及由它导致的大火中，伤亡人数达24万。现在，地质学家们已知道，太平洋周缘火山、地震的肇事者就是海底地壳沿着海沟的俯冲作用。在海底地壳和大陆地壳相互冲撞的海沟邻近地带，有史以来，地震灾害大约夺走了几百万人的生命。

深海里有生命存在吗

1977年2月，"阿尔文"号深潜器在东太平洋加拉帕戈斯群岛附近几千米深的海下热泉处发现了这个终年黑暗没有阳光的世界，其实是一片繁衍生命的沃土。在这里生活着许多蛤、贝、白蚌、蟹和红冠蠕虫等动物，但其形状却与阳光世界中的有很大区别。

比如深海中的红冠蠕虫，最长的达两三米。它用白色外套管把自己固定在岩石上，保护着柔软的身体。它没有嘴，没有眼睛，也没有消化系统，就靠着伸出套管顶端身体，过滤海水中的食物。它的血液里充满富含铁质的血红蛋白，因此显得格外红。

有人曾对这些深海生命的生存条件进行过分析，认为海水经过高温和高压，所含的硫酸盐变成硫化氢，有些细菌就靠着硫化氢进行代谢，靠吸收温泉热能而得以繁殖。一些小动物则靠过滤这些细菌生存，大的动物又以小的动物为食物。就这样，在没有阳光的深海世界里形成了一条独特的食物链，由此而维持了一系列生命的生存。

在万米深的海沟中，也有数量不少的海洋动物。据专家估计，约有370种。这些动物在一个相对稳定的海洋环境中生活，主

要食物是一些海洋动物的尸体被分解的物质。近些年来，人们在洋中脊的深谷中或海底火山附近的热泉海域也发现了许多海洋动物，如蠕虫、甲壳类、蛤和海参等。令人不解的是，在海沟深处发现的这些动物个体比其他深海动物要大许多。

延 伸 阅 读

马里亚纳海沟是地球上最深的地方，位于北太平洋西部马里亚纳群岛以东，为一条洋底弧形洼地，延伸2550千米，平均宽69千米。沟底部有较小的陡壁谷地。据估计这条海沟已形成6000万年，是太平洋西部洋底海沟的一部分。

海水为何是咸的

海水的含盐量

大家都知道海水是咸的，其原因是海水中含有各种盐分。根据科学测定，平均每1000克海水中含35克盐。

海洋中蕴含大量的盐类物质。有人估计，如果把海水中所有的盐分都提取出来，铺在陆地上可得到厚153米的盐层；如果铺在我国的国土上，可使我国平均高出海平面2400米左右。

海水是如何变咸的

海洋刚形成时，海水和江河湖水一样是淡的。后来，雨水不断地冲刷岩石和土壤，并把岩石和土壤中的盐类物质冲入江河，而江河的水流到大海，使海洋中的盐分不断增加。

与此同时，海中的水分不断蒸发，这使盐的浓度越来越大。当然，这个过程是很漫长的。

海洋会不会越变越咸

其实不然，因为海洋也有释放盐分和把盐分归还陆地的绝招。

当海洋中的可溶性物质浓度达到一定程度时，可溶性物质会互相结合成不溶性化合物沉入海洋的底部。海洋中的生物体内吸收了一定的盐类物质，当海洋生物死去后，它的

尸体沉到海底。

　　台风暴发时，狂风巨浪把海水卷到陆地上，海水中的盐类物质也被带到陆地。此外，从漫长的陆地变迁历史来看，有些海洋的海湾地带由于地壳的升高与海洋隔断。这些地带就像与大海母亲失散的"游子"，而在太阳光的"肆虐"下变成陆地，留下大量盐分。

美丽的传说

　　从前有一个爱海的人，他每天跑到海边去看海，可是海对他还是很冷淡。这个人就对海说："我这样对你，每天来看你，可是你对我总是平平淡淡，难道你不能把你的激情展现给我吗？让你的爱来得更猛烈一些。"

海听了他的话就问他："你能接受我翻江倒海的爱吗？"

他回答说："可以！"

海被他的话语而感动。顷刻间狂风大作，巨浪翻滚，巨浪一波接一波向岸边而来。他从没有见过海这样，当海浪快翻滚到他身旁的时候，他转身就跑。这时海很伤心。

经过这次以后，海不敢轻易地把爱给予别人。过了很长一段时间，又有一个爱海的人，他不但每天来看海，还把自己的家搬到海边，要以海为伴，终生守护在海的身边。海终于被他的举动感化，并把温馨的爱和猛烈的爱都给了他。

他没有跑，就这样他们结合了。可是过了很长时间，他就有些

厌烦了，总觉得海给予他的不是风平浪静，就是波涛翻滚。觉得海再也不能给予他别的什么爱了，就这样他也悄悄地离开了海。

海十分伤心，这些都被蓝天看在眼里。

蓝天对海说："请你不要伤心难过，其实他们都不懂你。他们看到的只是你的表面，其实海底的世界更加丰富多彩，那里有五色的鱼儿、美丽的珊瑚和丰富的矿藏。这些才是你为他们准备的，可惜他们不懂，只有我知道这些。"

后来蓝天就和大海相爱了。可是因为他们相距遥远，加上世俗偏见，他们始终不能牵手，天各一方，彼此思念。

随着时间的推移，思念更加浓厚。就这样日复一日、年复一年，当思念难以忍受的时候，蓝天就以泪洗面。蓝天的泪水滴落到了海的心里，不知道流了多少泪水，把整个海水染成了蓝色，也变成了咸水。那都是蓝天的泪水呀，所以海天一色。

海水是天外来水吗

地球可称为是一个水球，它表面上有大约3/4的面积是海洋。除此之外还有其他的水源，但海水是地球水的主体。那么多的海水是从哪里来的呢？

起初，人们认为，这些水是地球原本就有的。当地球从原始太阳星云中凝聚出来时，便携带有这部分水。随着地球的不断变化，这些起初以结构水、结晶水等形式贮存于矿物和岩石中的水释放出来，成为海水的来源。

譬如，在火山活动中，总有大量的水蒸气伴随岩浆喷溢出来。据此，一些人认为，这些水汽便是从地球深部释放出来的"初生水"。

一些人认为，地球上的水不是地球所固有的，而是由撞入地球的彗星带来的。一些由冰块组成的小彗星冲入地球大气层，陨

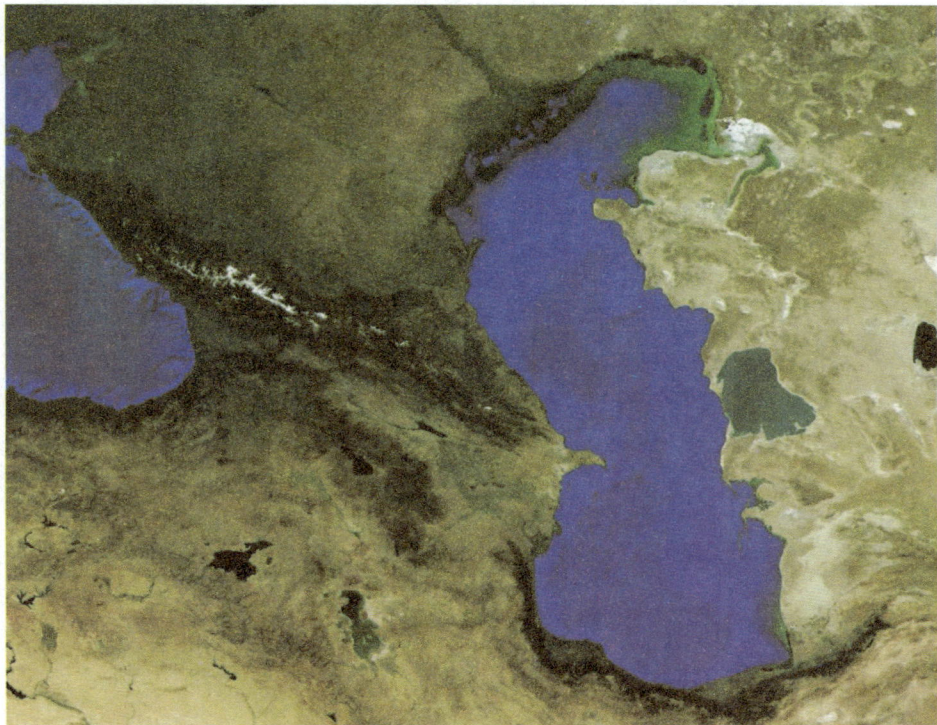

冰因摩擦生热转化成彗星水。

我国学者提出"大自然存在多四季规律"的假说。按此假说，自地球形成至今的46亿年间，生物圈曾数次周期性地从地球转移到另一个星球，又周期性地像候鸟回归那样循环到地球上来。这其中自然也包括海水的数度干涸与高涨。用此假说正可以解决以往"天外来水说"和"地球固有说"都未能解决的难题。

海水变咸的不同意见

有的科学家不同意海水是后天变咸的看法。他们认为，海水一开始就是咸的，是先天就形成的。根据他们的观测研究发现，海水并没有越来越咸，海水中的盐分并没有显著地增加，只是在地球的各个地质历史时期，海水中含盐分的比例是不同的。

还有一些科学家认为，海水之所以是咸的，不仅有先天的原因，也有后天的原因；不仅有大陆上的盐类不断加入到海洋中去，而且在大洋底部随着海底火山喷发，海底岩浆溢出，也会不断地给海洋增加盐类。这种说法得到了大多数学者的赞同。

延 伸 阅 读

海水中含各种盐类，其中90%是氯化钠，另外还含有氯化镁、硫酸镁、碳酸镁以及含钾、碘、钠和溴等各种元素的其他盐类。海水中的主要成分和微量成分比较稳定，这些成分在盐类中的比重并不会因为不同海域而不同。

海岛形成的秘密

什么是海岛

在茫茫的海洋上，碧波里涌出一片片陆地，人们称之为"海岛"。是什么力量造就了这些岛屿？尽管海岛的面貌千姿百态，但人们仍然能够找到其中的规律性。

它们或是从大陆分离出来，或是由海底火山爆发和珊瑚虫构造而成。前者姓"陆"，地质构造与附近大陆相似；后者姓"海"，地质构造与大陆没有直接联系。

据此，海岛分成大陆岛、火山岛、珊瑚岛和冲积岛几大类型。

大陆岛

它是大陆向海洋延伸露出水面的岛屿，世界上比较大的岛基

本上都是大陆岛。它的形成有以下几个原因。

地壳运动，中间的接合部陷落为海峡，原与大陆相连的陆地被海水隔开，成了岛屿。世界上最大的格陵兰岛，以及伊里安岛、加里曼丹岛和马达加斯加岛等岛屿都是这样形成的。

冰碛物形成的小岛。远古冰川活动时期，冰川夹带大量碎屑在下游堆积下来，后来气候回暖，冰川消融，海面上升，冰碛堆未被淹没，成了岛屿。挪威沿岸、波罗的海沿岸以及美国和加拿大东部交界处沿岸的小岛就是这样形成的。

海蚀岛。它非常靠近大陆，两者高度一致，仅仅中间隔着一道狭窄的海峡，海峡是海浪经年累月冲蚀的结果。这类岛屿为数不多，面积也很小。

火山岛

它是海底火山露出水面的部分。岛貌峻拔，与大陆岛、珊瑚岛有明显的不同。当初，火山隐没水下，经过不断喷发，岩浆逐渐堆积，终于高出水面。

世界海底山脉最高峰的冒纳开亚火山就是火山岛夏威夷岛的主峰，其海拔4205米，水下部分还有5998米，总高10203米，比珠穆朗玛峰还高1355米！

世界第十八大岛、面积为10.3万平方千米的冰岛是上千个海底火山喷发形成的。

夏威夷群岛成直线排列，是一列海底火山喷发形成的。阿留申群岛呈弧形排列，是呈列环状海底火山喷发而成的。

珊瑚岛

它只存在于热带、亚热带海域。在海底丘地或海底山脉山脊上有大量珊瑚虫营巢生活，同其他壳体动物构成庞大的石灰质巢体。

旧的死亡，新的又在残骸上继续生长，不断向海面推进。在最适宜的条件下，1000年才能长高36米，长到海水高潮线就停止生长。大海几经沧桑，或地壳上升，或海水下降，珊瑚礁露出水面成了岛屿。

全球珊瑚礁的面积达2700万平方千米，相当于欧洲、南美洲面积的总和，但其绝大部分淹没于水下，露出为岛的面积并不多。

太平洋的加罗林群岛、马绍尔群岛，印度洋的马尔代夫，我国的南海诸岛，都是典型的珊瑚岛。

冲积岛

冲积岛位于大河的出口处或平原海岸的外侧，是河流泥沙或海流作用堆积而成的新陆地。

世界上最大的冲积岛马拉若岛是世界第一大河亚马孙河的河口岛，面积为40万平方千米。

我国长江口的崇明岛、长兴岛，黄河口的孤岛，都是冲积岛。

加拿大东岸的塞布尔岛、美国东海岸的哈特拉斯角、我国的苏北沙洲，都是海流加上风力堆积而成的沙滩，其位置不固定，成为航行的危险区。

神秘莫测的螃蟹岛

螃蟹岛位于巴西北部沿海，是一个无人居住的小岛，岛上的主要"居民"是数以万计的螃蟹，该岛的螃蟹个体肥大，肉味极为鲜美。螃蟹岛属于热带雨林气候，高温多雨，自然景观十分迷人。

螃蟹岛有许多奇闻，在人们中间长期地流传着，使人们感到这个小岛神秘莫测，充满了疑惑。

据说，在螃蟹岛的中心地带有许多淡水湖泊，那儿有不少巨蟒、豹子、鳄鱼及奇形怪状的猴子，是一个野生动物啸聚的处所。这些动物是怎么来到这个大西洋上的孤岛上的呢？人们无法解开这个谜。

传说在岛上发现过野人。有一次，三个渔民乘船去岛上捉螃蟹，在船上看守的那位渔民突然发现一个全身长满毛发的野人向船上扔树枝、树叶。

他惊恐万分，大声呼喊自己的同伴，可是转眼间野人已不知去向。

还有人说，这里出现过飞碟袭击人的事件。1976年，有四个渔民来岛上捉螃蟹，正当他们在船上睡觉时，突然遭到一股奇怪的大火的袭击。

他们急忙把船开到附近的港口，可是两个渔民被烧死，另一个也被烧伤。

这场大火是怎样烧起来的呢？

不可能是闪电引起的，因为船只完好无损，经过一番调查，未能得到确切的结论。但许多人都认为，肇事者很可能是飞碟。

奇怪现象之谜

螃蟹岛还有一个奇怪现象，每当夜晚来临，岛上经常出现一些奇特的强光，光芒闪烁，景况动人。但这光是从哪里来的呢？

人们至今也没有解开这个谜。

在这个孤零零的海岛上，滋生着各种蚊子。令人不解的是，

它们在白天也很活跃，成群结队袭击动物和人。来这儿捉螃蟹的渔民，必须带着用纸卷成的蚊香，点燃后驱散这些可怕的蚊子。

在这个海岛上，最动人的场面是螃蟹的"恋爱舞会"。这在世界上也是极为罕见的奇观。螃蟹交尾有固定的时日，它们总是选在满月时。

交尾仪式一开始，雌雄双方先是翩翩起舞，数不清的螃蟹在月光下一起踏着整齐的步伐，气氛十分热烈。

众螃蟹交尾后，便纷纷钻进洞内，消失在富含碘的胶泥中。

地质构成之谜

螃蟹岛的地质构成也非常奇特，岛的四周全是密实的胶泥，气味恶臭。这种恶臭的胶泥是怎样形成的？

为什么在这种胶泥上会繁殖如此众多的螃蟹呢？这又是一个谜。

由于胶泥深厚、柔软，上岛来的捕蟹者必须先脱掉衣服，迅速地匍匐前进，绝不能停留在一个地方，否则会深陷泥潭，不能自拔。为了安全，他们往往6人至8人一组集体行动。

捕蟹者都要有一种特殊的本领，他们把手伸进蟹洞抓出螃蟹，举到眼前，辨出雌雄，这一套动作几乎不超过一秒钟。

为了不使生态环境受影响，他们总是把雌蟹留下，只把雄蟹带走。上岛捕蟹是很辛苦的，但却收获颇丰，每艘船来岛一次可捉到1500只~2000只大螃蟹。

神秘的螃蟹岛的许多谜仍在等待着人们去揭晓。

延 伸 阅 读

海峡通常位于两个大陆或大陆与邻近的沿岸岛屿以及岛屿与岛屿之间。它一般深度较大，水流较急，但战略位置极其重要。海峡有的沟通两海，有的沟通两洋，有的沟通海和洋。全世界共有上千个海峡，其中著名的约有50个。

海岸线变动之谜

认识海岸线

海岸线是指海面与陆地接触的分界线，一般分为岛屿海岸线和大陆海岸线。它是发展优良港口的先天条件，曲折的海岸线极有利于发展海上交通运输。

世界海洋面积巨大，海岸曲折复杂，岛屿星罗棋布，精确计算海岸线是不可能的。

海岸线从形态上看，有的弯弯曲曲，有的却像条直线。而且，这些海岸线还在不断地发生着变化。

如我国的天津市，在2000多年前还是一片大海，那时海岸线在河北省的沧县和天津西侧一带的连线上，经过2000多年的演化，海岸线向海洋推进了几十千米。

有时海岸线也会向陆地推进。仍以天津为例，在100万年前，第四纪中期，这里曾发生过两次海水入侵，当两次海水退出时，最远的海岸线曾到达渤海湾中的庙岛群岛。但经过100万年的演化，现在的海岸线向陆地推进了数百千米。

变动的幅度

距我们最近一次的大海退，海水在距今大约7万年前开始下落，直至离现在两三万年前，海面才达到最低点，持续时间达四五万年之久。当时的海平面要比现在的海平面低100多米，那时地球表面的海陆分布是什么局面呢？

就拿我国沿海地区来说，现在渤海平均水深只有21米；福建和台湾之间的台湾海峡，广东雷州半岛与海南岛之间的琼州海峡，水深都不足100米。

因此，当海平面下降100米的时候，渤海消失了，台湾岛和海南岛与我国大陆连成一块完整的大陆。

同样，由于我国东部的黄海海底大部分露出水面，朝鲜、日本和我国大陆之间没有海水阻隔也连接起来。

世界海陆分布形势当然也会发生惊人的变化：白令海峡的消失导致亚洲和北美洲相连；马六甲海峡和其他海峡的消失使现在散布在海洋中的群岛连成一片陆地，从而使亚洲和澳大利亚大陆也连接了起来。世界其他地方凡是海水水深小于100米的海区都变成了陆地。

科学根据

几年以前，我国一艘轮船在离渤海海岸200多千米处作业，在那里的海底打捞起一块没有被水冲刷过的披

毛犀化石。

　　披毛犀是一种早已灭绝了的动物，满身披挂着棕褐色的粗毛，生活在寒冷的草原上。披毛犀的存在说明在地质历史时期里，渤海确实曾经是陆地。

　　20年前，一艘日本渔船在日本和朝鲜半岛间的对马海峡打渔。当拖网从海中拖上渔轮之后，人们发现，在一群活蹦乱跳的海鱼中间，有一段长约一米的象牙，称一称，足有18千克。

　　渔民们把这段象牙送给科学家。科学家经过鉴定，认为这是生活在16000年至33000年前的一种古象牙齿。

　　那时，现在黄海所在的地区也是一片辽阔的草原，长相稀奇古怪的古犀和古象就是这片草原的主人。一些现在被海水隔开、远离大陆的岛屿，岛上的野生动物与大陆上的十分相似。

　　据科学家们调查，我国海南岛的22种野生哺乳动物中有16种和大陆上的完全相同，另外6种在大陆上也能找到相近的种类。

要知道，那些只能生活在淡水中的鱼是绝没有办法越过宽阔的含盐类极多的海洋游到另一个岛上的。

所有这类事实都证明，在不太远的过去，这些现在被海水隔开的海岛曾经是彼此相连的。

海面大幅度升降的原因

海岸线发生如此巨大变化的主要原因是地壳的运动。由于受地壳下降活动的影响，引起海水的侵入或海水的后退现象，造成了海岸线的巨大变化。

这种变化直至今天也没有停止。有人测算过，比较稳定的山东海岸就纯粹是由于地壳运动造成的，每年约垂直上升1.8毫米，

如果再过1万年，海岸地壳就可上升18米。到那时，海岸线又会发生很大的变化。

海岸线的变化受冰川影响较大。在地球北极和南极地区覆盖着数量巨大的冰川，如果气温上升，这些冰川融化，冰水流入大海，那么海平面就会升高，海岸线就会大大地向陆地推进。相反，如果气温相对下降，冰川扩展加厚，海平面就会渐趋降低，海岸线就会向海洋推进。

在一些大河的入海口，常常因为河流带来大量泥沙淤积成宽阔的三角洲。有的河流泥沙很多，三角洲向大海扩张的速度十分可观。我国的黄河三角洲，每年要向渤海前进约2000米。

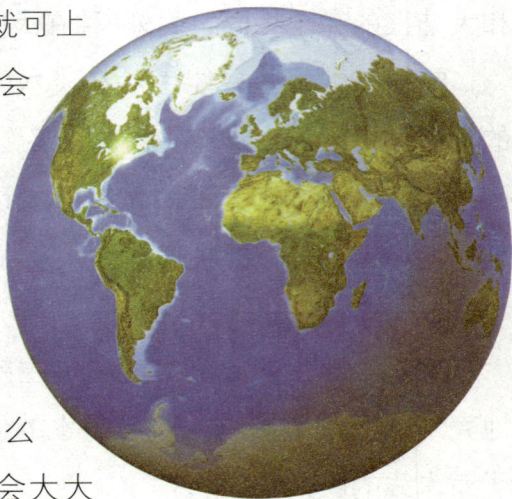

延　伸　阅　读

海面升降是海水面因受气候、引潮力、风、海底火山喷发、海底地震以及构造运动等因素影响，而引起的海水位上升和下降，其中最主要的是海水本身容量的增多和减少与海洋底部地壳的上升和下降所引起的海水面变化。

涌浪是如何形成的

什么是涌浪

"无风三尺浪"是人们对海洋的描绘。这不是同"无风不起浪"相矛盾了吗？不，在广阔的海洋上，即使在无风的日子里，大海也还在那里波动着。

这是为什么呢？原来，风虽然停了，大海的波浪还不会马上消失。何况，其他海域的风浪也会传播开来，波及无风的海面。"风停浪不停，无风浪也行。"这种波浪叫涌浪，又叫长浪。

涌浪的特点

比起风浪来，涌浪一起一落的时间长，波峰间的距离大，波

形又圆又长，较有规则，波速很大，能日行千里，远渡重洋。西印度群岛小安的列斯群岛的居民常常会发现高达6米多的激浪拍打岸边，时间长达连续两天或更长的时间。

奇怪的是这时加勒比海并没有什么风暴，这真是个无法解开的谜。后来，科学家经过长期观察和研究，发现这是来自大西洋中纬地区传来的风暴涌浪。

飓风和台风会掀起涌浪

狂风会造成海水涌积，同时风暴的低气压区海域海面受了压力影响，海水也会暂时上升。当台风风速同潮水波浪的推进速度接近时，会产生共振作用，推波助澜，把涌浪越推越高。

当大涌浪传到近海岸时，由于岸边水浅，波浪底部受海底的摩擦，波峰比波谷传播得快些，波峰向前弯曲、倒卷，水位猛烈上升，甚至冲上海岸，席卷岸边的建筑物和船只，造成灾难。

海上风暴引起的涌浪

海上风暴引起的涌浪传到风力平静或风向多变的海域时，因

受空气的阻力影响，波高减低，波长变长，这种波浪的传播速度比风暴中心的移动速度快得多。

如果说风浪可以追赶军舰的话，那么涌浪就可以同快艇赛跑了。因此，涌浪总是跑在风暴前头。人们看到涌浪，就知道风暴快要来临。

"无风来长浪，不久狂风降。""静海浪头起，渔船速回避。"这是在我国沿海地区流传的谚语，也是观天测海经验的概括。

海底火山爆发和地震引起的涌浪

1960年5月23日，日本群岛东岸一片平静安谧的景象，当时已得到智利地震的有关资料，不少人淡然置之。谁知20小时后，排山倒海般的涌浪远渡重洋到达夏威夷群岛、菲律宾群岛和新西兰。

日本群岛海岸在涌浪的袭击下有1000多户房屋被卷走，两亿

公顷土地被淹没，甚至渔船被掀到岸上。

远离智利16000千米的堪察加半岛以东的海面也掀起了汹涌的浪涛。原来，这是智利地震引起的海啸涌浪。它以时速800千米横渡太平洋，来到这些地方。

1960年5月至6月间，智利沿海的海底发生了200多次大大小小的地震。

5月22日下午18时许，爆发了新的强烈地震，波及15万平方千米的地区。一些岛屿和城市消失了，全国20000多的人口受到影响。地震又引起海啸，智利沿岸500多千米范围内，涌浪高10米，最高达25米，使南部320千米长的海岸沉浸于海洋之中。

延 伸 阅 读

涌浪与风浪相比，具有较规则的外形，排列比较整齐，波峰线较长，波面较平滑，比较接近于正弦波的形状。涌浪可以看作是由许多振幅不等、频率不等、传播方向不同并具有正弦波的分量叠加而成。

海洋旋涡的威力

海洋旋涡的水量超过250条亚马孙河

在埃德加·爱伦坡的短篇小说《卷入大旋涡》中，描述了挪威海岸一个悬崖边的强大的旋涡。涡的边缘是一个巨大的发出微光的飞沫带，但是并没有一个飞沫滑入令人恐怖的巨大漏斗的口中。这个巨大漏斗的内部在目力所及的范围内是一个光滑的、闪光的黑玉色水墙。这个巨大的水墙以大约45^{0}角向地平线倾斜。它在飞速地旋转，速度快得使人感到目眩，并不停地摇摆，在空气中发出一种令人惊骇的声响。这种声响一半是尖叫，一半是咆哮。

澳大利亚的海洋学家宣布，他们发现了一个如同爱伦坡在小说中所描写的那样的一个巨大的冷水旋涡，只是没有书中描写的那样陡峭或移动得那么快。除此之外，几乎没有什么两样。

这个旋涡位于距悉尼96千米处，直径长达200千米，深1000米。它正在剧烈地旋转，产生的巨大能量将海平面几乎削低了1米，改变了这个地区主要的洋流结构。它携带的水量超过了250条世界第一大河亚马孙河的水量。

紊乱现象至今无人能解

暴风不太可能产生这样的影响，但科学家需要迫切地知道，接下来会发生什么。因为在旋涡的背后，是一种海流紊乱现象。这是当代最难以解答的科学难题之一。

在全世界都会看到海洋旋涡的身影，在自然界中它们是一种正常的现象。当不同的水流相遇时便会产生旋涡，和它们的近亲空气旋涡以及太阳与风共同作用，这些海洋旋涡在影响天气的过程中扮演了异常重要的角色。它们将一个天气系统中的能量转移到另一个天气系统中。

　　海洋旋涡主要受海洋的涨潮和退潮控制。此外，它们还遵循一些数学规则，但并非所有的规则。科学家对这些海洋旋涡只能进行部分预测，它们是水流剧烈混乱产生的现象，但也展示出具有某种结构、节奏，以及其他与秩序有关的特征。海洋旋涡从不会重复自己，所以对它们的行为进行统计无法完全解决问题。

"旋涡"现象无处不在

　　海洋旋涡虽然不能被形容为自然界中一个反复无常的奇异现象，但像悉尼附近海域这么巨大的海洋旋涡，在不可预见的天气事件中，尤其是在厄尔尼诺反常气候现象中，在秘鲁的大雨到堪萨斯的干旱中都扮演着非常重要的角色。

　　海洋旋涡是不同来源的水流交汇导致的，这些水流有各自不同的温度和流速。当不同的水流撞击在一起时，会产生不可预见的后果。这种不可预知性与二氧化碳和甲烷气体的排放导致的不稳定性有关。

　　这种不稳定性反过来导致了更加无法预测的水流的混合。收

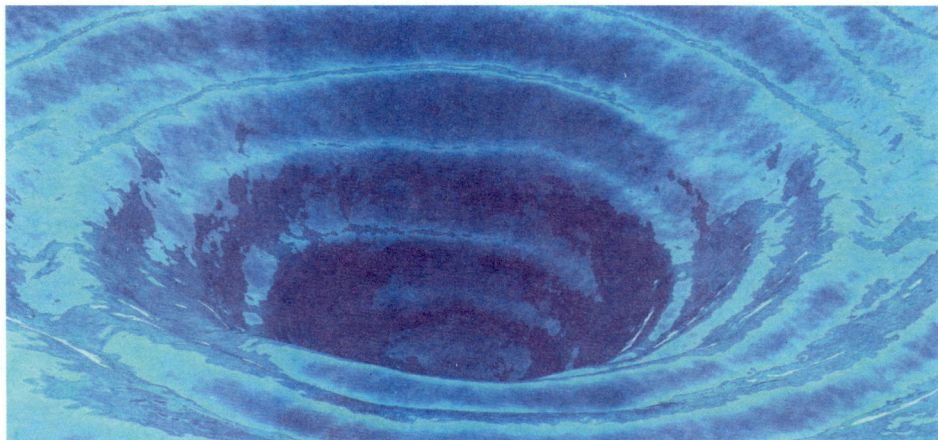

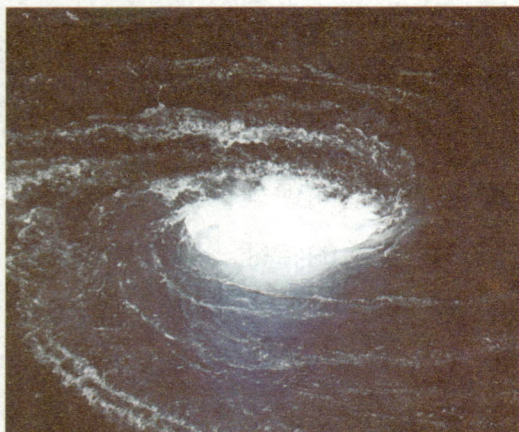

集到其中所有变量并进行数学计算，令科学家大费脑筋。他们正在努力弄清如何理解海洋旋涡中一致和非一致运动之间的关系，这个关系是如何预测旋涡中的一个关键性因素。

悉尼海洋大旋涡令人困惑的是它在不断改变。当你从一个视角或在一个特定的时间段观察时，它似乎很平静，但当你从另一个地方或其他时间观察时，它又会变得非常狂暴。如果在它上面航行时，水面看起来似乎很平静，但却会使巨轮发生晃动。悉尼海洋大旋涡可能很快会丧失它的能量，巨大的海洋旋涡通常会持续大约一周时间，但有一些可能会持续一个月之久。它们不会停息下来，而是通过将小旋涡吸入它们之中，使能量发生转移。

延 伸 阅 读

科学家说，能量不断上下发生运动就好像一个不断旋转的楼梯。水和空气中的旋涡中存在分子的混乱运动，这样的运动一直延伸至大气的边缘，星际空间的流动中也存在这种神秘的混沌运动。

海水没有沙滩热

陆地与海水

人们研究过太阳辐射的情况，他们发现，到达地球表面的太阳辐射能大部分都被地球吸收了，只有一小部分被反射回到空中。说来也很有趣，原来海面和陆地比较起来，海面就像饿极了的孩子似的，贪婪地吸收着太阳送来的热量，不愿把来之不易的太阳能量放弃。

陆地就和海面不一样，它的胃口小，不能一下子吸收很多太

阳辐射来的能量，剩下的被反射回空中去了。陆地的反射率要比海面的大一倍，可见陆地的吸热能力要比海洋差些。而且，陆地存不住热量，那晒得烫烫的沙滩就是一个例子。

海水把太阳送来的热量贮存起来

科学家经过研究，发现陆地是一种不能很好地传热的固体，既不透明又不流动。太阳即使再厉害，也晒不透它。因为不能很好地传热，晒了一整天，它所吸收的热量还只是集中在不到1毫米厚的表层内。海水是半透明的，太阳光可以透射到水下一定的深度。也就是说，太阳的辐射能可以达到海水的一定深度之内。

经过长期的观测计算，人们发现到达水面的太阳辐射能大约有60％可以透射到1米的深度，有18％可以达到海面以下10米的深度，人们甚至在海面100米深度的地方仍然发现有少量的太阳辐射能量，而这些在陆地上是不可能的。

海水吸热,不仅胃口大,还把吸收的热量送到透射不到阳光的深层海水中贮存起来。海洋依靠海水的流动来输送热量。比如说,海流就可以把赤道附近的热海水送到两极方向去,而两极方向的冷海水也通过海流向温暖的地方流动,风浪则可以形成海水温度的上下交换。

科学家说,它所造成的海水温度的上下交换要比热传导作用大几千倍,甚至上万倍。在夏季和白天,海面上接受的热量较多,它就可以把热量送到深层贮存起来;而在冬季和夜晚,海表面接受的热量少,它又会把贮存在深层的热量输送到表层。

当然,除了风浪,海水还有一种对流作用。这种对流作用是由于冷热海水的重量不同而形成的。就像冷空气重热空气轻一样,海水也是冷的重热的轻,于是冷而重的海水就会自动下沉,暖而轻的海水会自动上升。有了这种对流作用,冬天的大海也不会很冷了,随着表层较冷的海水不断下沉,下层较暖的海水会自

动升上来补充。同在一个太阳下，沙滩与海洋的物质不同，温度就不同。陆地是表皮烫，海洋则是整个温，海洋把热情大方的太阳送来的热量都贮存下来了，只是体积太大，温度不可能升得太高。所以，海水就没有沙滩热了。

延 伸 阅 读

　　海水温度是反映海水热状况的一个物理量。世界海洋的水温变化一般在零下2摄氏度至零上30摄氏度之间，其中年平均水温超过20摄氏度的区域占整个海洋面积的一半以上。

海上的淡水区

淡水区的发现

古往今来，许多海上遇难者都是由于没有淡水而丧生的。因而有了关于海井的种种传说，希望航海者能从海井中喝到甘甜的淡水。而我们这里要讲的是一个实实在在的故事。

1489年，航海家哥伦布在第三次横渡大西洋的航行中，在委

内瑞拉的奥里诺科河口附近的海面上发现了一块淡水区。在美国佛罗里达半岛以东的海面上也有一块直径约30米的淡水区。看上去它的颜色与周围的海水不一样，仿佛深蓝色布上染了一块圆圆的绿色；摸一摸，它的温度与周围的海水也不一样；捧起一汪尝尝，嗬，真清凉，而且一点儿也不咸。这可就怪了，在这汪洋大海之中怎么会出现这样一口界限截然分明的淡水井呢？

这一现象过了好长时间才被科学家弄明白。原来，这是陆地赠给海洋的礼物。科学研究发现，这块奇特水域的海底是锅底似的小盆地，盆地正中深约40米，周围深度在15米至20米。盆地中央有个水势极旺的淡水泉，不断地向上喷涌着清如甘露的泉水。

就像我国济南市大明湖里的趵突泉一样，昼夜不停，永不枯竭。而且，这个淡水泉中涌出的水量为每秒40立方米，比陆地上最大的泉还要大得多。这股泉水就这样在海中日喷夜涌，出咸水而不染。在风力流的影响下，从泉眼斜着上升到海面，形成了奇妙的海中"淡水井"。淡水只有陆地上才有，那么海中怎么出了淡水井呢？查来查去，找到了淡水井的来路。原来，是地下径流流入海底，又从泉眼喷出。地下径流难以计数，不难想象，茫茫大海上也就绝不止佛罗里达东海岸这一眼淡水井了。

淡水河形成的原因

原来，濒临海洋的陆地表面渗入雨水后，如果地下的透水岩层或裂隙向海里倾斜，而且海底岩层又有不透水层，那么渗入地下的水就会形成一条河流。在重力的作用下，这条河流就流入海底的地层下面。一旦遇到出口，地下水就会像泉水一样喷涌而出。除了海底喷泉能产生淡水河之外，在流入海洋的大江大河的

入海口，由于水量巨大，往往也能形成类似的淡水河。比如，在非洲西海岸刚果河河口附近航行的船舶虽然远离大陆150千米，却能在海洋里吸取淡水。

相关故事记载

有一家杂货店，院子一角放着一个奇特的东西。说它像大缸，可是没有底；说它似烟囱，却又太粗大。再仔细一看，发现它非竹也非木，非金属也非砖石。店主也叫不出它的名字，不晓得它的用途，因此一直将它丢在墙角。

有一天，一名海船商人路过此地到杂货店选购物品，偶然发现这一奇物。他看了又看，摸了又摸，舍不得离开。店主好奇地走来，问商人买不买此物。海商忙说："买！你要多少银子？"

店主想敲这海商的竹杠，于是说："这是我店祖传的物品，非10两银子不卖。"海商二话没说，付了10两银子，就叫人将奇物抬走。店主纳闷地问道："你花那么多银子买此物何用？"

海商告之："这是一件宝贝，名字叫海井，是一口专门造淡水的井。在海上只要将它放到海里，就不愁没有淡水喝。"

说完，海商又取出100两银子赠给店主。

相关报道

2007年7月10日，驻河北省邯郸市的我国煤炭地质总局第三水文地质队在我国东海嵊泗岛北部约15千米处海底首次成功打出淡水井。经权威部门检测，水质达到饮用水标准。

这次勘探采用的小平台加驳船联合完成勘探井施工。有关部门正在组织科技人员加紧进行室内资料分析整理工作，不久将提交我国首个海底淡水资源勘察技术报告。

据了解，这口淡水井于2007年5月4日开工，5月10日完成直径1.33米小口径探孔，深度为213.30米，进入基岩地层12.30米，至6月3日完成第四含水层成井、洗井和抽水试验工作。

科学研究

经我国地质科学院水文地质、环境地质研究所化验，这口井勘察到的第二含水层内为淡水，每小时涌水量为30.71立方米，氯离子含量为每升587.9毫克，达到饮用水标准；第四含水层内为咸水，每小时涌水量为119.29立方米，氯离子含量为每升4826毫克，远好于海水。两层水均具有较高的利用价值。

延 伸 阅 读

20世纪80年代末，苏联科学家在太平洋一片水域发现大片海底淡水。这种海底淡水不是海底泉水喷涌出的，也不是大河河口的延伸。科学家认为这是降水积聚引起密度升高而造成离子渗透现象。

红海扩张之谜

红海

红海是印度洋的一个内陆海。它像印度洋的一条巨大的臂膀，深深地插入非洲东北部和阿拉伯半岛之间。

在红海表层海水中繁殖着一种海藻，叫作蓝绿藻。这种浮游生物死亡以后，尸体就由蓝绿色变成红褐色。大量的死亡藻漂浮

在海面上，久而久之，海面就像披上了一件红色外衣。

同时，红海东西两侧狭窄的浅海中有不少红色的珊瑚礁。两岸的山岩也是赭红色的，它们的衬托和辉映使海水越发呈现出红褐的颜色。加上附近沙漠广布，热风习习，红色的砂粒经常弥漫天空，掉入海水中把红海"染"得更红了。红褐色的海水使它赢得了"红海"的美称。

红海的含盐度

红海是世界上盐度最高的海域，盐度在3.6%~3.8%之间。红海含盐量高的主要原因是这里地处亚热带、热带，气温高，海水蒸发量大，而且降水量较小，年平均降水量还不到200毫米。红海两岸没有大河流入，在通往大洋的水路上有石林及水下岩岭，大洋里稍淡的海水难以进来，红海中较咸的海水也难以流出去。

科学家还在海底深处发现了

好几处大面积的热洞。大量岩浆沿着地壳的裂隙涌到海底，岩浆加热了周围的岩石和海水，出现了深层海水的水温比表层还高的奇特现象。热气腾腾的深层海水泛到海面加速了蒸发，使盐的浓度越来越高。因此，红海的海水就比其他地方的海水咸多了。

红海之谜

1978年11月14日，北美的阿尔杜卡巴火山突然喷发，浓烟滚滚，溢出了大量熔岩。一个星期以后，人们经过测量发现，遥遥相对的阿拉伯半岛与非洲大陆之间的距离增加了1米。也就是说，红海在7天中又扩大了1米。

红海是个奇特的海。它不仅在缓慢地扩张着，而且有几处水温特别高，达50℃以上；红海海底又蕴藏着特别丰富的

高品位金属矿床。长期以来这些现象没有得到科学的解释，因此被称为红海之谜。红海之谜在20世纪60年代才有了端倪。海洋地质学家解释说，红海之谜在于海底有着一系列热洞。正是热洞中不断涌出的地幔物质加热了海水，生成了矿藏，推挤洋底不断向两边扩张。

　　1974年，美国和法国开始联合执行大洋中部水下研究计划，计划的第一个目标就是到类似于红海海底的大西洋中脊裂谷带去考察。

　　乘坐深潜器的科学家们沿着大洋中脊移向裂谷，在喷吐炽热岩浆的热洞旁亲眼看到了裂谷正在缓慢张裂的情景。热洞周围的水温特别高，美国地质学家巴尔特把潜水器温度探测计放在热洞附近的热水喷泉中，温度计因超量程而熔化了。事后科学家确认水温达1000℃左右。

岩浆喷出之后，遇到冰冷的海水就迅速凝结，形成鳞茎状的桃形玄武岩块，而热洞附近喷出的岩浆在过热的海水中涡动、盘旋，缓慢地冷却，形成了特殊的海底熔岩湖。

红海会变成新大洋吗

红海是世界上最热、含盐度最高的海域，当然也是充满神奇色彩的海域。科学家们预言，红海可能将变成未来的大洋。加拿大著名地质学家根据上述迹象预言，在若干万年之后，一个新大洋有可能在红海地区出现，这个新大洋有可能把完整的非洲大陆分裂为东西两部分。

19世纪末，英国地质学家格雷戈里也曾有过类似的预言，并且形象地描述了非洲东非大裂谷的情景。东非大裂谷不断扩大，并且北部狭长的断裂带已经形成红海。

现代研究结果证明，大洋的形成是中央海岭裂谷活动的结

果。而东非大裂谷的红海、亚丁湾为全球大洋中的巨型裂谷"中央海岭"的一个分支,因而将来完全有可能扩展为新的海洋。不过,许多人对此还持怀疑态度。大裂谷在某种动力的作用下有可能扩展成为海洋,但是未必都如此。

延 伸 阅 读

影响海水颜色的两个主要因素是透明度与水色。除此之外,其他因素也能决定某一海区的海水颜色。例如,海底生物、水质和环境等因素都能对海水的颜色产生影响。著名的红海、黄海、黑海和白海四大海就是如此。

奇怪的海上光轮

事件记载

1880年5月的一个黑夜里，"帕特纳"号轮船正在波斯湾海面上航行。突然，船的两侧各出现了一个直径500米至600米的圆形光轮。这两个奇怪的"海上光轮"在海面之上围绕着自己的中心旋转着，几乎擦到了船边。它们跟随着轮船前进，大约20分钟之后才消失。

1884年，在英国某协会举行的一次会议上有人曾宣读了一艘船只的航行报告。报告中讲到了两个"海上光轮"向着该船旋转

而来。当它们靠近该船时，船只的桅杆倒了，随后又散发出一股强烈的硫黄气味。当时，船员们把这种奇怪的光轮叫作"燃烧着的砂轮"。

1909年6月10日凌晨3时，一艘丹麦汽船正航行在马六甲海峡中。突然间，船长宾坦看到海面上出现了一个奇怪的现象：一个几乎与海面相接的圆形光轮在空中旋转着。宾坦被惊得目瞪口呆。过了好一会儿，光轮才消失。

1910年8月12日夜里，荷兰"瓦伦廷"号轮船船长布雷耶在我国南海航行时，也看到了一个海上光轮在海面上飞速地旋转着。与上面所提到的海上光轮不同的是，该船船员在光轮出现期间都有一种不舒服的感觉。

奇特的海底光轮

1973年4月，一个叫丹·德尔莫尼奥的船长在百慕大海区附近的斯特林姆湾海水里看到一个形如大雪茄的潜航物体。此物体长

40米至60米，两头又圆又粗，航速每小时达110千米至130千米。这个潜航物体两次出现都是在下午16时左右，并且都是在比米尼岛和迈阿密之间的水域。

1973年11月6日深夜，美国的雷蒙德·瑞安及其儿子在一条玻璃纤维压膜摩托艇上发现了水下不明物体。这物体像降落伞盖的金属体，其直径约30米，发着乳白色的强光。当瑞安父子俩驾艇向着水下亮光驶去时，亮光却渐渐暗下去。瑞安用桨板插入水中去够那发光体，对方无反应；当碰着它时，亮光就全熄灭了。水下发光体像跟他们捉迷藏，当摩托艇靠拢时，亮光暗淡；当摩托艇离开时，重又白光闪耀。当海岸警备队的汽艇开来时，不明物体进入主航道向海湾潜航而去。它未在水面产生任何痕迹。

北大西洋公约组织于1973年在大西洋上举行联合军事演习时，一艘主力舰发现了不明潜水物。当时，这个半浮于海面的巨大物体被舰队指挥官当成是不明国籍的间谍潜艇，于是一声令

下，炮弹、鱼雷纷纷向它飞去。但不明潜水物毫无损伤，当它随即下潜时，整个舰队的所有无线电通讯设备统统失灵。直至10分钟后那个不明潜水物完全销声匿迹时，舰队的无线电通讯联系才恢复正常。

1963年，百慕大海域波多黎各岛东南部水面下出现过一个神秘的不明潜水物。美国海军派出一艘驱逐舰和一艘潜水艇先后到此追赶此物，连续追赶4天后，它在海下失去了踪迹。在美国潜艇追踪的过程中，发现对方有时竟能钻到8000米深的海沟中。

还在100多年前，英国货轮"海神"号就曾与不明潜水物相遇过。当货轮航行到非洲西部几内亚湾附近海域时，船员们突然发现，在船头前方约100米处有一个巨大的怪物漂浮在海上，好像是一个巨型闪光金属物。当"海神"号向它驶近时，漂浮怪物没有溅起一点儿浪花，无声无息地潜入水底不见了。要知道，那时潜水艇尚未问世。1967年3月至10月间，在亚洲东南部的泰国湾先后5次出现"发光的海底巨轮"现象。当时许多光带飞速地从水

下穿过，像是从一个旋转的中心光源中辐射出来的。

我国"成都"号远洋轮船长曾两次亲眼目睹到这种奇特的"海底光轮"。对于这样一种直径达数千米的、能够像性能良好的机械那样运转的有组织的"活"的机体，有的学者认为是"智慧现象"。

相关的假说

有趣的是，海上光轮的大部分目睹者都是在印度洋或印度洋的邻近海域，其他海域鲜有发生。

如何解释这种奇怪的现象呢？人们做了种种推论和假设。有人认为，航船的桅杆、吊索和电缆等的结合可能会产生旋转的光圈，海洋浮游生物也会引起美丽的海发光。有时，两组海浪的相互干扰还会使发光的海洋浮游生物产生一种运动，这也可能会造成旋转的光圈。

但遗憾的是，上述种种假设似乎都不能令人满意地解释那些并不在海水表面而在海平面之上的空中所出现的海上光轮现象。

于是，又有人猜测，海上光轮也许是由于球形闪电的电击而引起的现象，也有可能是其他某种物理现象所造成的。但这也只是猜测，谁也不能加以证实。

海洋，这个奇妙的世界，自古以来就流传着许多神秘的故事。在科学技术高度发展的今天，虽然人们已经揭开了许多海洋的奥秘，但这仅仅是人类向海洋进军的第一步，还有许多问题等待人们去解答。神秘的海上光轮之谜就是其中之一。

延 伸 阅 读

波斯湾：印度洋西北部边缘海，又名阿拉伯湾，通称海湾。位于阿拉伯半岛和伊朗高原之间。西北起阿拉伯河河口，东南至霍尔木兹海峡，长约990千米，宽56千米至338千米，面积为24万平方千米。

深海中的奇异景观

海底的闪光雕像

在红海之滨有一小块沿海区，被划为开发沿海旅游业的景点。这里经常发生潜水的旅游者和潜水运动员在水下神秘失踪的事件。

两名来自德国的潜水爱好者艾玛和马克斯在这一海域神秘失踪，而且是在风和日丽的天气里，在距离海岸50米处的水下失踪

的。他们的伙伴托·柳德维格被留在船上，可是过了好长时间也不见他们的踪影，只见那海底处有一块巨大的闪光砾石。

当地政府派来专业潜水员，深入水底寻找。可是，找遍周围水域，结果一无所获。于是，潜水员们对托·柳德维格说的那个水下闪光的神秘巨砾石进行了考察：从外表看，这块水下巨砾很像一尊古代雕像的头部，从正面看，它很像一个巨大的玫瑰色人的面孔，还很像人的鼻子和眼睛的细微部，它的表面被海水冲刷得十分光滑。专家们得出结论，这很可能是自然形成的。

当研究人员翻开档案时却惊异地发现，这一海域在过去就曾发生过人神秘失踪的案例。从1976年至今，已记录下十多起类似的悲剧事件。所有失踪者全是从事潜水运动者，而且每次事发后都找不到失踪者的尸体。

美丽的海底壁画

1989年9月的一个早晨，法国潜水员昂利·库斯奎在地中海摩休奥湾内的一处崩岩脚下发现海水下40米处有一个黑洞。

1993年7月9日，库斯奎再入洞穴，同去的还有三名潜水协会的会员，分别是他的23岁侄女桑德玲·库斯奎、27岁的杨苟甘和31岁的巴斯卡尔。他们拍下了洞壁上的图案，发现是手的形状。

4天后，他们四人又潜入洞内。在泛光灯的照射下，他们发现洞顶有一幅巨角黑山羊图，一幅积满方解石的雄鹿图，还有一幅是奔马图。东面的洞壁画着两头大野牛和许多手掌印，有的五指还不全，另外还画着一只猫的头部和三只企鹅。马和野牛之间还画有几只羚羊、一只海豹，还有一些怪异的几何符号。数一数，有好几十幅。库斯奎带着照片去过海事局设在马赛的办事处，也去过海底考古研究部，官员们对库斯奎的话半信半疑。后来一名海底专家为了证实这一情况，与库斯奎一同潜水进入洞壁。

鉴定工作进行了四天。此时，再也没有人怀疑了，大家完全相信库斯奎带回的资料是真实的。

考古研究部的初步判断不久便得到实验室测定的证明。根据碳-14测定，这些画至少有1844万年的历史，画画的炭是用挪威松和黑松烧成的。

这个洞显然是古人类举行仪式的地方。人类一般栖居在洞的外头。这个洞里没有工具、箭头及兽骨等遗物，证明欧洲人的祖先大概在这里举行宗教仪式，洞壁上的画就像是今天教堂中的圣像和十字架，掌印可能是符号语言的一部分。如今，法国考古研究所已将该洞命名为"库斯奎洞"。

古老岩石

科学家们在大西洋中脊一带的海底发现，这里的海底就像是一个被打破的鸡蛋，到处都是像刚刚流出来的蛋黄一般的岩浆凝固而成的岩石，有的像钢管，有的像薄板，还有的像绳子、棉纱，甚至像被挤出来的牙膏……

　　这些岩石的表面还有一层恰似骤然冷却的玻璃质外壳。他们还发现有许多切过裂谷底部、深不见底的裂缝。种种迹象表明，正如海底扩张和板块构造理论所认为的那样，这里是新生地壳的发源地，地幔物质正是通过那些深不可测的裂缝上升，并推挤着两旁的海底向外扩张，证明这里的岩石正像板块构造理论所要求的那样，其年龄值趋近于零。

　　然而，事物是复杂的，尽管有这次实际观察资料作为证据，但人们也发现了一些与板块构造理论不相符合的事实。其中最引人注目的也正是在另外一些大洋中脊发现的古老得多的岩石。

　　1947年，美国哥伦比亚大学所属的拉蒙特−多尔蒂地质研究所的"阿特兰蒂斯"号海洋考察船在北纬30度的大西洋中脊采集到几块变质的玄武岩样品。经过测定，这些岩石的年龄值为4800

万年。由于当时板块理论尚未被提出，人们也就没有对这一年龄值提出怀疑。后来，虽然海底扩张和板块构造理论问世了，但理论的倡导者们又完全忽略了这一事实，断言大洋中脊是新生岩石诞生的场所。有人提出质疑，有些板块构造的支持者则以年龄测定误差来应付。

延 伸 阅 读

在我国的大兴安岭的深山密林中，有一处天然洞穴——嘎仙洞。经过考古人员的考证，证明曾经是鲜卑先民的活动处所。鲜卑先民将洞穴辟为祭祀场所，并在洞壁上刻有隶书"祝文"，已成为我国又一处自然人文景观。

海底深藏的秘密

大西洋海底山脉

早在1918年，德国一艘名为"流星"号的海洋考察船在大西洋进行海底考察时，偶然从回声探测仪上发现大西洋中部的海底比两边高出许多，由东往西竟是1000千米长的凸起高地。

在这之后的三年中，他们做了几万次探测试验，终于发现那里隐藏着令人难以置信的海底山脉。

后来，通过对大西洋的全面调查，科学家们找到了这条山脉

的两极。它始于冰岛，经大西洋中部一直延伸至南极附近，曲曲弯弯长达10000多千米。山脉走向与大西洋的形态一致，也是S形，平均宽度在1000千米以上，比两侧洋底平均高出2000米。

它是由一系列平行的山系结合在一起形成的。山脉露出水面的顶峰组成了一串珍珠般美丽的岛屿，其中包括冰岛、亚速尔群岛、圣赫勒拿岛与特里斯坦−达库尼亚群岛等。

连绵的海底山脉

然而，大西洋海底这座令人难以想象的山脉却只是全球海底山脉不起眼的一部分。

海洋学家在研究了世界各大洋的探测资料后宣布：世界各大洋底都存在着类似的海底山脉。如果把它们像火车一样一节节地接起来，总长度超过65000千米，可以绕地球赤道一圈半。而且，它们的高度一般不超出相邻的洋底1000米至3000米，宽度超过

1000千米，总面积相当于亚、欧、非、美洲全部陆地面积之和。

洋底的地形分布也有一定的规律。在各大洋中，都有大致呈南北走向的巨大的海底山脉，绵延10000多千米，在洋底东部还有一个大洋中脊。

印度洋中部除存在一条"人"字形的中央海岭以外，东部还有一条南北走向的长达6000千米的东印度洋海岭。北冰洋虽然较浅，但在中部也有两条略呈南北走向的海岭。

海底山脉成因

风光绮丽的夏威夷岛就是太平洋海底山的一部分。它的最高处超出水面4200米，而山根却在水下6000米的深处。也就是说，这座海洋山峰的高度在10000米以上，比珠穆朗玛峰还要高1000多米。

科学家们发现，海底山脉多数是由橄榄岩、玄武岩等火山岩石构成的。海底山脉多发育在海底高原和隆起的高地上。这些高

原、高地是岩浆喷发时形成的。

科学考察表明，海底地壳下岩浆对流活动时地壳发生裂隙，岩浆沿着这些裂隙喷发到海底表面，造成纵横数千米的海底高原和海底高地。而在这些高原和高地上又升起一座座海底火山。经过漫长的岁月，火山喷发形成的火山岩便堆成今天的海底山脉。

海底峡谷的成因

人们经常会在大洋边缘的大陆架和大陆坡上发现坡度陡峭、极其壮观的海底峡谷。

有专家认为，海底峡谷是由地震引起的海啸侵蚀海底而成的。可是，在没有海啸的地区也有海底峡谷。可见，"海啸之说"不能用来解释所有海底峡谷的成因。

另一种说法是海底峡谷是由海蚀造成的。他们认为这些海底峡谷所在的海底过去曾经是陆地，河流剥蚀出的陆上峡谷，后来由于地壳下沉或海面上升，才被淹没于波涛之下成为海底峡谷。

1885年，科学家发现，富含泥沙的罗纳河河水注入日内瓦湖后，密度较大的浑浊河水潜入清澈的湖水之下，沿湖底顺坡下流。从此科学界把这种高密度的水流称作浊流。

1936年，美国学者德利在阅读一篇描述日内瓦湖浊流现象的文章时猛然意识到，海底峡谷很可能就是由海底浊流开拓出来的。携带大量泥沙、沿海底斜坡奔腾而下的浊流应具有强大的侵蚀能力。不过，当时还从未有人观察过海底浊流现象，所以人们对这一说法仍然将信将疑。

日本学者观点

日本学者星野通平就认为，历史上海平面曾一度比现今低数千米，大陆架和大陆坡那时均是陆地。不过，现代地质学研究表明，全球海平面大起大落的幅度达数千米是根本不可能的。

至于某些大陆架、陆坡区地壳大幅度升降的说法，倒是可以接受的。但海底峡谷也广泛见于地壳运动平静的构造稳定区，所以陆上峡谷被淹没的说法不能作为海底峡谷的普遍成因。

关于浊流的研究

直至20世纪50年代，海洋地质学界通过深入研究才得出浊流具有强大的侵蚀能力的结论。

1952年，美国海洋学家希曾等人研究了1929年纽芬兰岸外海底电缆在一昼夜间沿陆坡向下依次折断的事件，判定肇事者正是强大的海底浊流。

希曾等人还根据海底电缆依次折断的时间推算出这股浊流在坡度最大处流速高达每秒28米，在到达水深6000米的深海平原时，流速仍有每秒4米。自陆坡至深海洋底浊流长驱达数千里之遥。这个理论逐渐被科学家认可。

但也有学者怀疑，海底浊流虽有较强的侵蚀能力，只是那么大的海底峡谷，仅靠浊流能否切割出数百米乃至数千米的深度，仍是一个未知数。

海底为何有浓烟

1979年3月，美国海洋学家巴勒带领一批科学家对墨西哥西面北纬21度的太平洋进行水下考察时，透过潜艇的舷窗，他们看到了浓雾弥漫下的一根根高达六七米的粗大的烟囱般的石柱顶口，喷发出滚滚浓烟。

将温度探测器伸进浓烟中，测得温度竟高达近千摄氏度。经过仔细观察，他们发现浓烟原来是一种金属热液喷泉。当遇到寒冷的海水时，便立刻凝结出铜、铁、锌等硫化物，并沉淀在烟囱的周围，堆成小丘。

在这些温度很高的喷口周围还形成了一种特殊的生存环境，生活着许多贝类、蠕虫类和其他的动物群落。

巴勒等人的发现引起了科学界的极大兴趣。美国密执安大学的奥温认为，这种海底喷泉可能与地球气候的变化有着密切联系。

奥温在研究了从东太平洋海底获取的沉积物和岩样以后，发现在2000万年至5000万年前的沉积物中，铁的含量为现在的5倍至10倍，钙的含量则为现在的3倍。沉积物中钙、铁等的含量会这样高，奥温认为这可能与海底喷泉活动的增强有关。

海底为何会下潜

1932年，荷兰科学家万宁·曼纳兹利用潜水艇测定海沟的重力，发现海沟地带的重力值特别低。这个结果使他疑惑不解，因为根据地块漂浮的地壳均衡原理，重力过小的地壳块体应当向上浮起，而实际上海沟却是如此幽深。经过一番研究，万宁·曼纳兹认为，可能是海沟地区受到地球内部一股十分强大的拉力的作用，所以才有下沉的趋势，从而形成幽深的海沟。

20世纪中叶，人们认识到大洋中脊顶部是新洋壳不断生长的地方。在中脊顶部每年都要长出几厘米宽的新洋底条带，而地球表面面积却并没有逐年增大。

可见，每年必定有等量的洋底地壳在别的什么地方被破坏，从而消失了。

在100千米至200千米厚的坚硬的岩石圈之下是炽热、柔软的软流圈，在那里不可能发生地震。之所以有中、深源地震，正是坚硬的岩石圈板块下插进软流圈中的缘故。

这些中、深源地震就发生在尚未软化的下插板块之中。海沟地带两侧板块相互冲撞，从而激起了全球最频繁、最强烈的地震。也正因为洋底板块沿海沟向下沉潜，才造成了如此深的海沟。通过以上分析，可以看出曼纳兹的理论是非常正确的。

日本地球科学家上田诚也等人认为，洋底岩石圈密度较大，其下的软流圈密度偏小，所以洋底岩石圈板块易于沉入软流圈中。

在俯冲过程中，随着温度、压力升高，岩石圈发生变化，密度还会进一步增大。这就好比桌布下垂的一角浸在一桶水中，变重了的湿桌布可能把整块桌布拉入水桶。

海沟总长度最长的太平洋板块在全球板块中具有最高的运动速度。上田诚也等人据此认为，海沟处下插板块的下沉拖拉作用可能是板块运动的重要驱动力。

如果确实如此，洋底板块理应遭受扩张应力作用，而近年来的测量发现，洋底板块内部却是挤压应力占优势。这一事实对于重力下沉的学说是一个有力的驳斥。

另有一些学者提出地幔物质对流作用的观点，认为大洋中脊位于地幔上升流区，海沟则处在下降流区，正是汇聚下沉的地幔流把洋底板块拉到地幔中去的。这一看法与万宁·曼纳兹的见解如出一辙。但是，目前我们还缺乏地幔对流的直接证据。也有一些学者强调地幔物质的黏度太高，很难发生对流。

海底为何会下潜？至今也没有定论，还有待科学家进一步去探索。

延 伸 阅 读

海底高原，又称海台或海底长垣，为宽广而伸长的海底高地。通常起伏较小，台顶面比较平坦，高出周围洋底1000米至2000米。侧面坡度一般较陡，但有的也较平缓，有时可绵延几千米以上。

恐怖的地震海啸

什么是地震海啸

在海底或大陆边缘发生的地震、火山爆发、岛弧地区的滑坡以及沿岸地区的山崩引起的海水剧烈波动，被人们称为地震海啸。

地震海啸的波长很长，最短的有几十千米，最长的可达五六百千米，而且传播速度快。在水深三四千米的大洋中，每小

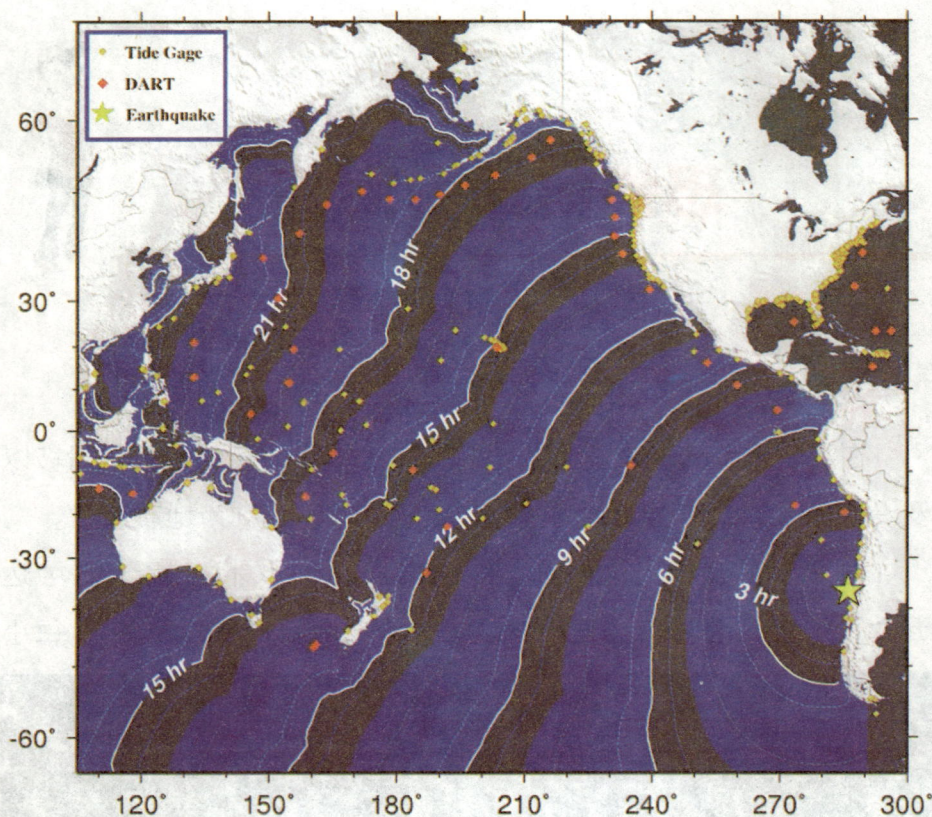

时可传播几十千米，有时甚至达数百千米。

另外，地震海啸在大洋中传播时一般波高在1米至2米，加之波长很长，所以不易被人察觉。但当它传至浅海地带或近岸时，波浪叠加，波峰隆起，有的高达20米左右，甚至可达40米。

此时，由于波浪的能量不断集中，其巨大的破坏力是难以想象的。从实测得知，地震海啸对被冲击的海岸，波压可达每平方米20吨至30吨。美国比斯开湾的一次大海啸，拍岸浪波压竟达每平方米90吨。

爆发方式

每当地震发生时，海底地壳的急剧升降就会迫使有几千米深的海水水柱发生运动。同时，在海水上层形成巨大而迅猛的波浪。当波浪涌进浅水海域时，浪头会骤然增高，放慢速度，似海中巨人立起身来，并像一扇墙似的倾倒在岸上。

海啸波随即又夹带着它所吞噬的一切退却下去，然后再返回来。就这样一进一退，数次往返，犹如摧枯拉朽，将一切障碍物荡涤一空。

主要特征

海啸的特征之一是速度快，地震发生的地方海水越深，海啸速度越快。日本产业技术综合研究所活断层研究中心负责人佐竹健治说："海水越深，因海底变动涌动的水量越多，因而形成海啸之后在海面移动的速度也越快。"

　　"如果发生地震的地方水深为5000米，海啸就和喷气机速度差不多，每小时可达800千米。移动到水深10米的地方，时速放慢，变为40千米。由于前浪减速，后浪推过来发生重叠，因此海啸到岸边波浪升高。如果沿岸海底地形呈"V"字形，海啸掀起的海浪会更高。"

　　在遥远的海面移动时不被人注意，以迅猛的速度接近陆地，达到海岸时突然形成巨大的水墙，这就是海啸。人们发现它时再逃为时已晚。因此，有关专家告诫人们，一旦发生地震要马上离开海岸，到高处安全的地方。

造成危害

　　海啸由地震引起海底隆起和下陷所致。海底突然变形，致使从海底到海面的海水整体发生大的涌动，形成海啸袭击沿岸地

区。由于海啸是海水整体移动，因而比通常的大浪的破坏力要大得多。受台风和低气压的影响，海面会掀起巨浪，虽然有时高达数米，但浪幅有限，由数米至数百米，因此冲击岸边的海水量也有限。

而海啸就不同了，虽然海啸在遥远的海面只有数厘米至数米高，但由于海面隆起的范围大，有时海啸的宽幅达数百千米。这种巨大的"水块"产生的破坏力严重危害岸上的建筑物和人的生命。据日本秋田大学副教授松富英夫调查，印度洋大海啸在泰国沿岸把一艘50吨重的船从海边推到岸上1200米远的地方。从有关数据来看，如果海啸高达两米，木制房屋会瞬间遭到破坏；如果海啸高达20米以上，钢筋水泥建筑物也难以招架。

可怕的海上水墙

1896年6月15日傍晚，微风习习，天气晴好。在日本本州岛三陆的沿海村镇，人们正聚集在广场上，载歌载舞地欢庆当地的一个节日。突然，大地发出"隆隆"的响声，剧烈地颤动起来，仿佛有一列装甲车从他们身旁经过。人们知道，这是远处什么地方发生了地震，并波及此处，但由于震动不太强烈，因而没有引起人们的足够注意，大家照旧唱歌跳舞。

不料20分钟后，奇怪的现象发生了。只见海水迅速退下去，许多从未露过面的海底礁石露了出来。紧接着，海里"轰轰"地响了起来，由远及近，好似千军万马奔腾而至。海面上突然出现了一道30米高的水墙，呼啸着朝岸上的人们冲来。人们一个个目瞪口呆，面面相觑，不知所措。

"快跑啊，水墙压上来啦！"不知谁大喊一声，人们这才如梦初醒，惊慌地掉转头拼命奔跑起来。可是，人的两条腿怎能跑得过这道水墙？顷刻，高高的水墙以泰山压顶之势压了过来，很快就吞噬了岸上的一切。次日，出海的渔民们返航回村，一路上看到海面上漂浮着尸体、家具和衣物。他们心里犯嘀咕，预感到事情不好。后来，果然有人认出了自己的亲人，不禁大放悲声。

延 伸 阅 读

海啸在海洋的传播速度大约为每小时500千米～1000千米，而相邻两个浪头之间的距离可能远达500千米～650千米，它的这种波浪运动所卷起的海涛波高可达数十米，并形成极具危害性的"水墙"。

可怕的海洋灾害

风暴潮

风暴潮是由台风、温带气旋、冷锋的强风作用和气压骤变等强烈的天气系统引起的海面异常升降现象，又称风暴增水或气象海啸。风暴潮是一种重力长波，周期从数小时至数天不等，介于地震海啸和低频的海洋潮汐之间，振幅一般为数米，最大可达两

三千米。它是沿海地区的一种自然灾害，它与相伴的狂风巨浪可酿成更大灾害。通常把风暴潮分为温带气旋引起的温带风暴潮和热带风暴引起的台风风暴潮两类。

海冰

海冰指海洋上一切的冰，包括咸水冰、河冰和冰山等。在冰情严重的区域或异常严寒的冬季往往出现严重的冰封现象，使沿海港口和航道封冻，给沿海经济及人民的生命财产安全造成危害。大陆冰川滑入海中后断裂而成的巨大冰块中，露出海面的高度在5米以上者称为冰山。1912年4月14日午夜，"泰坦尼克"号轮就是在北大西洋首航中撞上这种冰山而沉没的。

赤潮

赤潮是指海洋浮游生物在一定条件下暴发性繁殖，引起海水变色的现象，它也是一种海洋污染现象。赤潮大多数发生在内海、河口、港湾或有升流的水域，尤其是暖流内湾水域。

赤潮的颜色是由形成赤潮占优势的浮游生物种类的色素决定的。如夜光藻形成的赤潮呈红色，而绿色鞭毛藻大量繁殖时却呈绿色，硅藻往往呈褐色。赤潮实际上是各种色潮的统称。赤潮可致海洋动物死亡，危害甚大。

海啸

海啸是由水下地震、火山爆发或水下塌陷和滑坡所激起的巨浪。破坏性地震海啸发生的条件是：在地震构造运动中出现垂直运动，震源深度小于20千米，震级要大于6.5级，而没有海底变形

的地震冲击或海底弹性震动，可引起较弱的海啸。水下核爆炸也能产生人造海啸。海啸对沿海地区的人、畜、树木、建筑和港湾都会造成极大危害。

延 伸 阅 读

海洋灾害主要有风暴潮、灾害海浪、海冰、赤潮和海啸五种。它们主要威胁海上及海岸带，有些还危及自岸向内陆广大纵深地区的城乡经济及人民生命财产的安全。灾害性海浪是海洋中由风产生的具有灾害性破坏的波浪，其作用力每平方米可达3吨至40吨。

海洋中的恐怖现象

奥克兰岛的神秘海洞

1886年5月4日，"格兰特将军"号轮船在船长的指挥下朝着奥克兰岛缓缓驶去。到了半夜的时候，"格兰特将军"号的船长命令舵手把船的速度放得更慢。整个海面上显得特别安静，只有船桅上的绳索发出一阵阵轻轻的声响。

此时，"格兰特将军"号准备改变航向绕过奥克兰岛，继续前进。殊不知，船已陷入强流当中，他们处境特别危险。

如果再不改变航向，就会撞到奥克兰岛上。虽几经努力，但最终还是撞到了奥兰克岛的石壁上，船舵"咔嚓"一声就

被折断了。

　　这时候，"格兰特将军"号上的旅客们正在安稳地睡着觉，被这突如其来的声响一下惊醒了。

　　他们一个个睡眼惺忪，穿着睡衣就急急忙忙地跑到了甲板上。只见"格兰特将军"号正在强烈的海流当中，滴溜滴溜不停地打着转儿。忽然，又冲过来一股海流，冲击着船转了一个大圈以后，就朝着岛屿的另一处石壁撞了过去。

　　更可怕的是，人们发现那个石壁上隐隐约约出现了一个黑乎乎的大海洞。那个大海洞正在张着黑乎乎的大嘴，好像要把整个"格兰特将军"号吞进去。

　　水手们看到那个黑乎乎的大海洞，虽然吓得两条腿一个劲儿地发软，可他们毕竟是水手，还在做着最后的努力来挽救"格兰特将军"号，挽救船上的旅客们，也在挽救他们自己。

海流还在猛烈地冲击着"格兰特将军"号，"格兰特将军号"最后身不由己地被冲进那个巨大的黑洞当中。

前桅杆"咔嚓"一声撞到了石壁上，折成了两截儿，又"轰隆"一声倒了下来，"啪"的一下砸在甲板上。

船长和旅客们感到好像天塌地陷了一样的恐怖。接着，人们什么也听不见了，耳朵里只有那汹涌海水的吼叫声，吓得浑身哆嗦，乱成一团。他们再往周围一看，黑茫茫一片，什么也看不见，只能坐在杂乱的甲板上等待着天亮。

几个小时以后，黎明的曙光终于露出来，天终于亮了。"格兰特将军"号的船底已被冲撞出了一个大窟窿，开始慢慢下沉。船上的旅客们看到这种情景，吓得不知所措，那些身体强壮的男人纷纷跳进海里逃生。可是，那个黑乎乎的大海洞好像有一股巨

大的吸引力一样，一下就把那些人吸进了海洞里。

只有4人侥幸逃到洞外的救生船上。船长及其他人都随"格兰特将军"号的下沉而失去了踪影。

船只的神秘失踪

1890年3月26日，那个从大海洞里死里逃生的旅客大卫·阿斯提斯带着一艘叫作"达芬"号的船到了奥克兰群岛，他们想要去找曾经被海洞吸进去的"格兰特将军"号以及上面所载的黄金。

不过，他们从此就一去不返了。其他到奥克兰群岛那个大海洞寻找黄金的探险队的船只也都不明原因地失踪了。这又是一个难解的谜，至今也没有人能说清楚这到底是怎么回事。

恐怖的好望角

在非洲的最南端阿扎尼亚的境内有一个名叫"好望角"的岬角。

好望角是一个风暴之角，每年365天至少有100多天风急浪高。最平静的日子里，海浪也有两米高，有时浪高6米以上，有时甚至高达15米。因此好望角附近经常发生海难事故，被称作是航海之人的"鬼门关"。

好望角频繁海难事故的发生致使许多科学家来到好望角，调查研究这里风急浪高的原因。经过一段时间的工作，科学家认为有两种原因。

好望角附近海域风浪大，是由于西风造成的。好望角位于非

洲大陆的西南端，它像一个箭头一样突入大西洋和印度洋的汇合处。因为好望角恰恰位于西风带上，所以当地经常刮11级以上的大风，大风激起了巨浪，经过的船只就处在危险之中了。那不刮西风时，为何还是海浪涛天呢？

"海流说"是美国的一位科学家提出的。他分析了多起在好望角附近海域发生的海难事件。他发现每次发生事故时，海浪总是从西南扑向东北方，而遇难船只的行驶方向是从东北向西南。也就是说，行船的方向正好和海浪袭来的方向相反，船是逆浪行驶的。

科学家实地调查发现，海底的海流推动船只顶着海浪前进。几股力量的共同作用就造成了船毁人亡的结果。到底是怎么回事？没有答案。

飓风眼中的幸存者

1980年8月5日，一艘载货物的双桅船"普林西"号从美国佛罗里达州的基韦斯特港出发，在大西洋中向牙买加岛航行。

货船向东南方向行驶三天以后，在西非洋面上发展起来的"艾伦"飓风竟一反挺进南美洲东北沿岸的惯常路径，直冲西北方向的墨西哥湾而来，这真是天有不测风云！船长巴里经验丰富，他深知问题的严重性，命令大家严守岗位，见机行事。

晚上21时，风速达到每秒56米，500多吨重的货船一会儿被推到三层楼那么高的浪尖上，一会儿被重重地摔到谷底。将近1个小时，他们身不由己地在海中"飞翔"。

到了22时，船体已遭到严重损坏，眼看就要下沉。巴里船长只好决定弃船。同船四人将自己分别捆在两块木制的大舱盖上，跃进了大海，悲伤地看着心爱的船只不断地下沉，他们自己也在真切地体验着死亡的威胁。

正在千钧一发之际，突然间奇迹发生了：风不再呼啸，巨浪变得摇篮般地荡漾，阴云迅速散去，星星在欢快地眨着眼，一轮弯月挂在空中。

仅仅10多分钟的时间，辽阔的洋面上前后竟神话般地判若两个世界。原来，他们正处在飓风的中心"飓风眼"中。

就在这时，突然一束探照灯光划破了四周的黑暗，四个濒临死亡的人面前出现一艘巨轮，这是被飓风吹离航线的挪威船"吉斯特娜"号。巴里船长和他的伙伴们得救了！

鱼雷为何不沉

鱼雷本身没有多大能量，航程一般都不会达到40千米。即使是最新式的鱼雷，航程也只有40千米。

如果没有击中目标，鱼雷在跑完自己的航程以后就会沉到海底，或者自行爆炸。

　　有趣的是在世界海战史上有一枚鱼雷，发射出去以后没有击中目标，没有沉到海底，也没有自行爆炸，而是在茫茫的大海上航行了50多年。这枚鱼雷是英国舰队为突破德国舰队的封锁而发射的。英国舰队发射的那枚"死神"号鱼雷并没有击中德国的战舰，而是神秘地漂入了大洋。从那以后，它在大西洋海域里时隐时现。后来，两艘美国军舰在坦帕海湾堵住了"死神"号鱼雷，打算用反鱼雷装置把它击毁。由于海面上狂风大作，雷雨交加，美国军舰虽然做了努力，但最后还是让它逃出了包围圈，继续在大洋中到处游荡。

　　20世纪60年代的时候，"死神"号鱼雷第二次"周游"世界各大洋，然后转向了内海，出入各个港湾。

　　"死神"号鱼雷自从1916年开始在世界各大洋漂荡了半个多世纪，人们估计它的航程已经达到了大约15万海里。奇怪的是，

它没有维修，又没有补给，为什么能够游荡这么长时间呢？它还要到什么时候才会停留下来呢？这些问题没有人能解答，只能是一个谜。

延 伸 阅 读

奥克兰群岛位于新西兰南边，是新西兰在南太平洋的无人居住群岛，处在传说中的"狂怒强风暴雨带"中。奥克兰岛是这片群岛中最大的一座，数百万年前因火山喷发而形成。